T0095021

Manual de Reparación de Calefacción

Manual de Reparación de Calefacción

Guía Rápida

Antonio Ramírez

Número de Control de la Biblioteca del Congreso
de EE. UU.: 2012907024

ISBN:	Tapa Dura	978-1-4633-2737-8
	Tapa Blanda	978-1-4633-2742-2
	Libro Electrónico	978-1-4633-2741-5

Este Libro fue impreso en los Estados Unidos de América.

Para pedidos de copias adicionales de este libro, por favor contacte con:
Palibrio
1663 Liberty Drive, Suite 200
Bloomington, IN 47403
Llamadas desde los EE.UU. 877.407.5847
Llamadas internacionales +1.812.671.9757
Fax: +1.812.355.1576
ventas@palibrio.com
404844

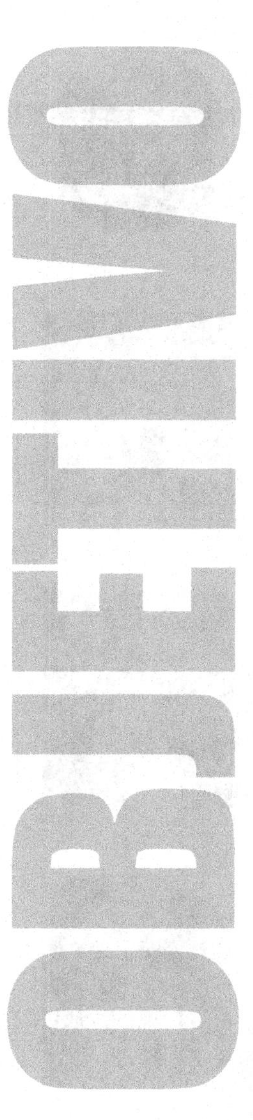

El presente trabajo o manual de reparación de gas furnance o calefacción, esta elaborado de una forma sencilla y donde puedes conocer cada uno de los componentes que integran un furnance ,pongo sus nombres en ingles por si estas residiendo en los Estados Unidos, te sea mas fácil identificarlos, y des un diagnóstico oportuno, exacto y lleves acabo una buena reparación, también en el presente manual encontraras explicaciones de posibles problemas y soluciones, es decir este manual esta elaborado para todas aquellas personas que ya tienen conocimiento en HVAC o también para todas aquellas personas que nunca han tenido contacto con un calentón o furnance lo recomendable es estudiar profundamente este manual y en el trascurso iras adquiriendo los conocimientos necesarios y podrás practicar y si tienes intenciones o curiosidad en un futuro de trabajar en esta rama de HVAC, este es un buen inicio. También no importa en que país vivas todos los aires acondicionados o furnances tienen un 90% de los mismos elementos solo cambian su ubicación de pendiendo de la marca del fabricante pero te va hacer muy fácil identificarlos.

Antonio Ramírez

Contenido

Partes del Furnance o Calentón

Observa con mucho cuidado y trata poco a poce de ubicar cada una de las partes del calentóno heater para que tengas una idea clara y puedad identificarlas y además realices un diagnóstico más preciso.

Partes

1. Draft Inducer Blower Motor
2. Gas Valve
3. Fan Limit Switch or High Limit Switch
4. Maniful
5. Flame Sensor
6. Quemadores o Burnes
7. Termocumpleo
8. Door Switch
9. Blower Motor
10. Control Board
11. Transformer
12. Limit Switch
13. Air Presure Switch

Como puedes observar en esta clase de calentón o furance te muestro algunas partes y su ubicación, pero cuando vayas a trabajar en una de estas unidades cerciorate primero que se encuentre apagado y puedas trabajar en confianza por que tienen 124 voltios o en su caso 240 voltios, no te preocupes si el calentón de tu casa es diferente o es de otra marca, los componentes son los mismos solo cambia la ubicación, esto es cuestión de la compañía que los elabora, en las lecciones que muestro más adelante poco a poco irás practicando e identificando los problemas.

Termostato

Ahora hablaremos del termostato para tratar de entender su funcionamiento y sus posibles problemas y soluciones, solo en este momento hablaremos de un termostato no digital, imagínate en este momento que el termostato es como el patrón, el que manda, y que la válvula de gas es su secretario, es decir que el termostato, le dice cuando debe ponerse a trabajar y cuando descansar, si en estos momentos tienes un termostato en tus manos obsérvalo, o de lo contario observa la figura que puse en esta pagina.

1 **El termostato** va conectado directamente a la tarjeta o pc board.

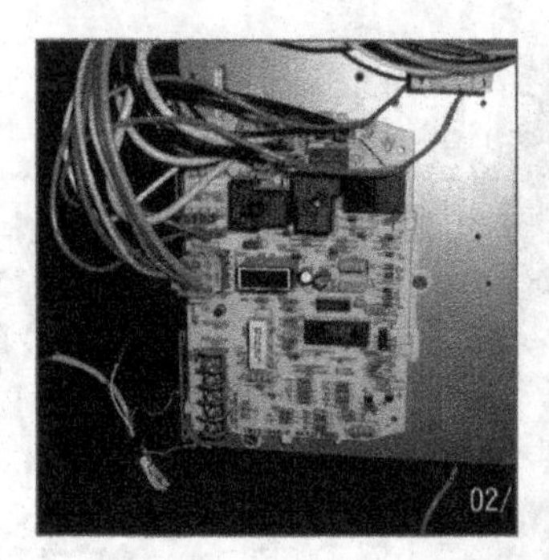

2 **Cable numero 18** que es el grosor del cable va conectados en la letra R y W, rojo y blanco, esto es nada mas para calefacción, y G verde es para el ventilador o blower motor. Y o amarillo es para aire acondicionado.

Conexión en el termostato

3 **Tiene el termostato** solo 24 voltios que son mandados directamente de la tarjeta o pcboard. (Que tiene como función controlar el automático de toda la maquina) pero estos 24 voltios vienen de un trasformador pequeño que es el encargado de enviar esos 24 voltios.

Como puedes observar el termostato tiene dos manecillas o controles, el de lado izquierdo sirve para indicar la temperatura que nosotros o nuestro cliente quiere tener, y la manecilla del lado derecho esta solo nos indica la temperatura ambiente que tenemos en ese momento adentro de la casa o del lugar donde se encuentra, como puedes observar del lado izquierdo y derecho abajo del termostato existen otras dos pequeñas amanecías que nos indican , el encendido, apagado o el automático de lo que necesitamos ya sea aire acondicionado , o calefacción.

Ahora procederemos a quitar la tapa del termostato y nos quedara como lo vez en la segunda figura, no te preocupes no necesariamente debe ser el mismo termostato puedes abrir otro pero que no sea digital y prácticamente estarás viendo lo mismo.

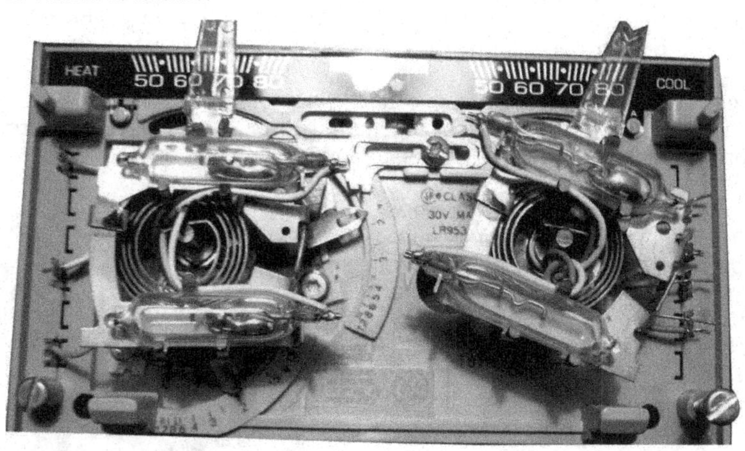

ANTICIPADOR

Te voy a poner un pequeño ejemplo, alguien comento alguna vez, que su casa estaba demasiada cliente, y que movía el termostato es decir que le bajaba la temperatura pero este no respondía, pero el termostato esta bueno que es lo que sucede, te voy a dar una orientación pueden ser otras causas pero vamos paso a paso, y en este momento estamos en el termostato, lo que para este ejemplo tenemos que hacer es chequear el **ANTICIPADOR**, en que consiste te lo explicare a continuación.

Como puedes observar la figura el termostato tiene en su interior un cilindro el cual contiene mercurio al centro tiene como un pequeño reloj y del lado derecho tiene como una manecia que es la que necesitamos para controlar la temperatura, la función del mercurio es tiene un movimiento de izquierda a derecha , cuando trabaja, este pequeño bulbo de mercurio se mueve, como puedes observa tiene en el centro una forma redonda como de espiral que lo que hace cuando este esta frio se contrae y cuando esta caliente se expande, esto es exactamente lo que pasa condo se expande el pequeño bulbo de mercurio se mueve para abrir la temperatura y cuando llega a su siclo este se contrae y regresa y vuelve a activar su mecanismo, como puedes observar es muy simple su mecanismo, pero ahora volveremos a hablar de su **ANTICIPADOR**, que significa esto, es solo que su anticipador debe estar perfectamente coordinado con la válvula del gas, debemos verificar la cantidad de hms que tiene la válvula de gas, si tienes tiempo o tienes un válvula en este momento, mira la cantidad de homs que tiene pueden ser o.4 etc., una vez que ya la chequeaste debes chequear tu termostato en ese peño reloj y ahí encontrar alguna numeración y debes mover la manecia y poner lo en 4 para que estos estén trabajando coordinadamente. Eso es todo lo que tienes que hacer normalmente no es muy común que un técnico ponga atención a este simple problema, espero que me haya entendido, toma tu tiempo y practícalo no tengas miedo mientras el termostato no este conectado no pasa nada y si lo estuviera solo serian 24 voltios.

Problemas más comunes con el termostato

Supongamos que la unidad no enciende no arranca, la primera posibilidad que tenemos que hacer es revisar nuestro termostato, como lo vamos hacer,

1 **Desconecta** tus cables del termostato sin que hayas cortado la corriente eléctrica y únelos y espera unos segundos y posiblemente si la unidad arranca normalmente tu termostato no cierva cámbialo pon otro nuevo.

2 **Otra forma** de hacer lo mismo es ir directamente a la unidad quita la tapa pero asegúrate que el botón de encendido esta bien pégalo con una cinta, para que se quede en posición de encendido, y has una conexión directa entre el W y R rojo y sin desconectar nada y la unidad debería de arrancar si lo hiciere el termostato ya no sirve cámbialo, en caso de no hacer el problema es otro no te apures mas adelante haremos otros diagnósticos esto es solo para el termostato.

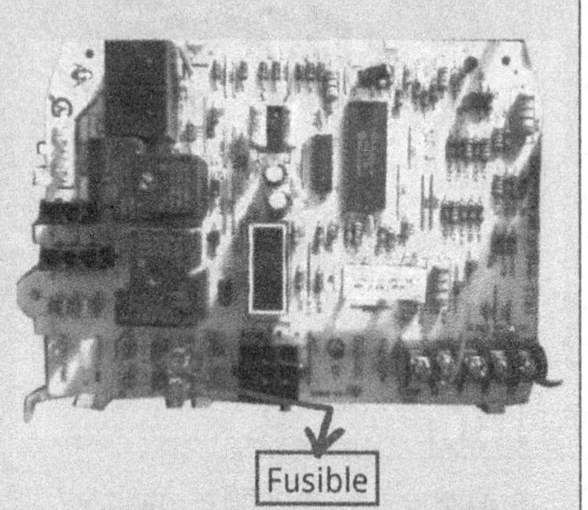

"Es muy importante que el termostato este limpio de pelusa y suciedad que se acumula con el tiempo, esa suciedad pueden impedir que el termostato trabaje correctamente, como lo puedes observar el figura mostrada anteriormente el mercurio esta totalmente cerrado y podemos limpiar con cuidado cada una de sus partes, soplándolas o con una pequeña brocha de pintura."

Ciclos del termostato

Quien controla la válvula de gas que esta habrá y cierre , es el termostato cuando lo fijamos en la temperatura deseada, lo que hace es controlar a esta válvula, cuando la temperatura baja, el termostato hace contacto e inicia el proceso de calefacción en el furnance, y una bes que la temperatura esta comienza a subir hasta llegar a la temperatura deseada , el termostato rompe el siclo y este se detiene controla el fuego es decir que cierra el gas y apaga el fuego, cundo ablanos de termostatos no digitales que son de mercurio si el aire frio pasa por el espiral metálico, este se contrae y ocasiona que el mercurio se incline hacia adelante y este haga contacto , y cuando el aire caliente hace contacto con e espiral este se agranda el inclinara el bulbo de mercurio hacia atrás y romperá el circuito.

Espero que hayas aprendido un poco mas y que esta clase te resulte amena e interesante, adelante no te desanimes".

El Draft Inducer Blower Motor

Normal Closet
24V

La función del Inducir, es la de sacar el aire indeseado es decir el aire que contiene monóxido de carbono que producen los quemadores del furnance, debe haber suficiente salida del monóxido de carbón, si tuvieras algún problema solo tienes que mirar el tablero o tarjeta y chequear los flechazos de una luz roja dependiendo la cantidad continua de la luz roja nos dirá el problema hay que mirar su diagrama si hay alguno, si hay alguna obstrucción de la salida de aire, este no trabaja.

Lo siguiente que hay que hacer es utilizar el chequeador de corriente, para saber si están llegando los 24voltios, si le llega corriente y el Draft Inducer no trabaja, lo que nos indica es que ya no sirve, hay que instalar uno nuevo.

Como sabemos si el draft inducer motor, se encuentra en buenas condiciones debemos chequearl que este normalmente cerrado como lo hacemos con el testeado de corriente si nos da un sonido ininterrumpido esta en buenas condiciones.

"Observación: como puedes ver como puedes ver el capacitor, su función es la de dar ayuda al blower motor, pasa la corriente por el capacitor y manda la energía al motor es toda su función pero si no sirve, el motor no enciende."

▶ Problemas más comunes en el Draft Inducer

1 **Debes desconectar** la corriente eléctrica del calentón (furnance) y asegurarte que el motor se enfrié para asegurarte que no es un riesgo para tocarlo.

2 **Despues debes ubicar** los cables del Draft Inducer Blower Motor, desconéctalos de la tarjeta o IFC o del relay, depende donde estén conectados porque uno de los cables va a un limit switch, mucho cuidado solo para que los vuelvas a conectar exactamente igual, recuerda que hasta este punto supongo que ya no tienes electricidad en el calentón por ese lado no tenemos ningún problema.

3 **El siguiente paso** que hay que realizar es muy simple, hay que chequear la resientencia con tu voltímetro o testador de corriente. Como lo vas hacer, debes poner tu voltímetro en el signo de una bocinita que son como pequeñas rallas que asimilan como una bocina, pones uno de las puntas del voltímetro una en cada lado del conector del Draft Inducer Blower Motor, si te da un sonido infinito esto indica que esta normalmente abierto, es decir que si sirve esta bueno, en caso contrario si al testearlo no emite un sonido no sirve remplázalo, compra uno nuevo porque indica que quedo normalmente cerrado.

4 **Otro factor importante**, que debes analizar, antes de quitar la corriente eléctrica, debes quitar las tapas de enfrente del calentón, y debes observar detenidamente el tablero en ella te indicara por medio de una luz cual es posiblemente el problema, que debes hacer, mirar detenidamente la cantidad de flechazos de la luz y te va ha indicar el posible problema, como lo sabrás debes buscar en el mismo calentón en una de sus puertas, el diagrama y te dará las indicaciones respecto al problema no te lo puedo decir porque son modelos diferentes y la indicación del problema es diferente.

5 **Tambien** como lo mencione anteriormente asegúrate que no este obstruida la salida del aire que este limpio, revísalo porque de lo contrario no va a trabajar o va a encender.

6 **Vuelve a conecta**r el Draf Inducer Blower Motor, y revisa que lo hayas conectado correctamente, y después ya con la corriente cheque en sus conexiones del fraft que tengan 115 voltios, esto es cuando lo enciendas, porque necesitas que la tarjeta mande corriente eléctrica al Inducer.

“Si por alguna razón no llega corriente eléctrica al Draft Inducer, entonces se debe buscar el problema en otro circuito, porque posiblemente esta impidiendo que este no arranque, ha esta altura tu ya debes saber si sirve o no el Draft Inducer Blower Motor, como lo hiciste checando la resistencia que debe ser infinita, otra posible causa no llega corriente al Draft, checa la tarjeta por atrás porque posiblemente este quemada y tendrías que repararla”.

“No te preocupes si en este momento se te hace un poco complicada esta lección, conforme vayas avanzando en este mini curso que muy humildemente pongo en tus manos, te aseguro al final se te hará todo mas fácil y sencillo, adelante no te desanimes suerte.”

Air Pressure Switch

La función del Air Pressure Switch, es sacar los gases indeseados o monóxido de carbono, lo que generara es como un torbellino de succión y es cuando se cierra y aquí comienza otro siclo del calentón o furnance,también su función es parar los quemadores del calentón o furnance, cuando esta bloqueado el aire o hay poca circulación de aire, es decir chequea que el motor trabaje y saque el aire hacia afuera, cuando presenta problemas el Air Pressure Switch, hay que utilizar el chequeador de corriente, debe tener 24 voltios, debe ser normalmente cerrado, recuerda como lo hicimos para chequearlo anteriormente, es decir que nos debe dar un sonido ininterrumpido, indica que esta bueno, en caso de que no emita sonido lo que pasa el switch se quedo abierto ya no sirve hay que poner uno nuevo.

Recuerda que debe tener suficiente salida de aire, chequear que no este tapado el tubo del draft inducer motor porque estos trabajan en conjunto, hay que limpiarlo.

La presión del ven pressure safety switch puede fallar al cerrar debido a un problema con el calentón o furnance, el sistema de escape o el interruptor de presión de seguridad o el ven pressure switch, puede estar dañado, el siguiente proceso determinara cual es el problema que este presente.

1 **Hay que inspeccionar** las conexiones de los cables y la manguera del interruptor de presión de seguridad de ventilación, pensando que posiblemente la manguera se encuentra rota, si se encuentra algún problema, debe hacerse la reparación necesaria de todas la mangueras y las conexiones de algún sonido que se pudiera escuchar por si fuera alguna fuga de aire, hay que desconectar la corriente eléctrica del calentón o furnance, y desconectar el cable que va conectado del Air Pressure Safety Switch.

2 **Hay que chequear** con el chequeador de corriente la resistencia, lo ponemos en la figura de resistencia y nos debe dar un sonido ininterrumpido, en caso de no hacerlo esta dañado, hay que substituirlo por uno nuevo, lo que nos indica es que esta abierto no sirve.

3 **Hay que asegurarse** que el Air Pressure Safety Switch no tenga agua, si encontramos agua hay que limpiarla, y otra vez hay que chequear la resistencia, y si ahora es infinita indicaría que esta bueno y en caso de no hacerlo esta dañado hay que represarle por uno nuevo.
Normalmente cerrado-----bueno
Normalmente abierto------no sirve

Blower Motor

Ahora hablaremos del fan o blower motor este es el motor principal, pero trabaja en conjunto con otro blower motor mas pequeño, que se llama INDUCER MOTOR, que trabaja en conjunto con el AIR PRESSURER SWITCH, como es esto, recuerda cuando el termostato llama por calor, el calentó arranca, lo hace el inducer motor, y después el air apresure switch, y después lo hace el blower motor.
Cuando el blower , no para siempre esta trabajando, lo que nos indica es que algo se quemo es decir hay que chequear el transformador se quemo y manda la corriente directa.

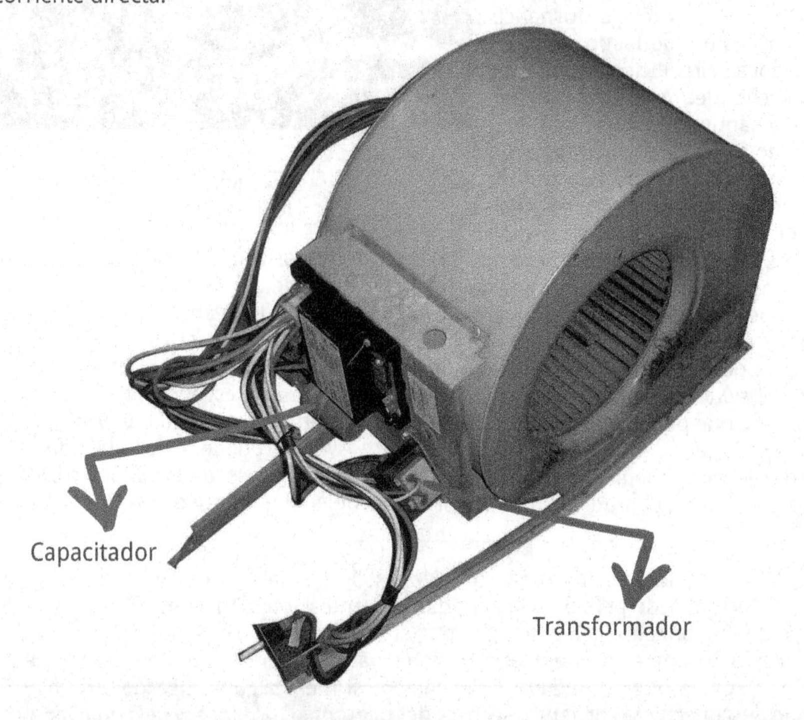

Como podemos saber si el motor esta en buenas condiciones, primero hay que revisar que su capacitor no se encuentre dañado, como lo sabemos ponemos nuestro teste ador de corriente en MFD, nos debe de dar .7mf 8mf dependiendo, y al chequearlo debe coincidir este numero con nuestro teste ador, mucho cuidad al realizar este testeo debes quitarle la carga con un desarmador haciendo contacto con su polos y lo descargamos, una bes que esta bien chequeamos que el motor reciba el voltaje adecuado ya sean 120 ó 220voltios, en caso de recibir el voltaje correcto y este no arranca, podemos realizar un pequeño testeo, en su tarjeta o PC BOAR, conectas tu cable rojo con el cable verde y aquí debe de arrancar el blower de no hacerlo hay que cambiar la tarjeta posiblemente ya esta dañada o quemada en alguna de sus partes.

Pc Board o Tarjeta

Puedo decir que este es el cerebro de un sistema de calefacción, sin él no trabaja nada, manda las ordenes a todos los elementos, dependiendo el sistema recuerda que recibe 120voltios o 220 voltios como los mandan.
Primero viene de la caja de Brakes y esto es con un cable 12-2 120v,o cable 8-220v a un costado del calentón al cual se le pone un pagador o un fusible, desde ahí puedes apagar toda la unidad, y manda 124voltios que van directos al pc board o tarjeta, y se identifican como L1 cable negro y L2 cable blanco neutral. Aquí mismo abajo del lado izquierdo es donde van conectados los cables del termostato ya estos están trabajando en 24 voltios, como es que ya tienen 24 voltios, estos lo manda un transformador instalado a un costado de lado izquierdo de color blanco, este va conectado al pc board en PRI 1 primario uno cable negro, y PRI 2 primario 2 y es un cable blanco neutral, estos 2 cables todavía tienen 120 voltios es la entrada, y a la salida del trasformador van al SEC1 que es secundario uno y el color de cable es ROJO, SEC2secundario dos, el cable es de color azul, desde este momento en la salida del trasformador es donde se mandan 24 voltios al termostato y la válvula de gas y a los demás elementos de seguridad del calentón o unidad.

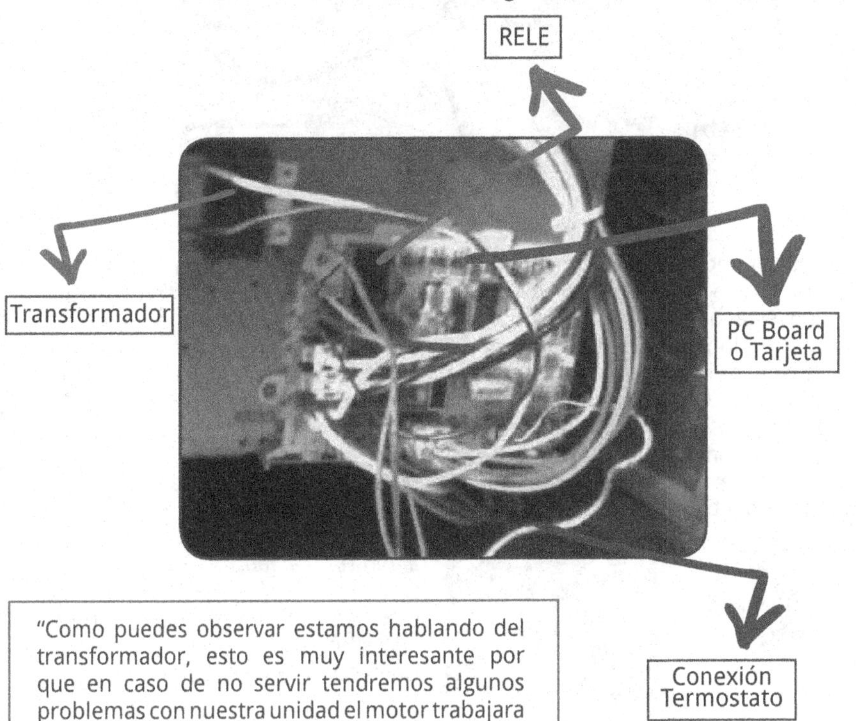

"Como puedes observar estamos hablando del transformador, esto es muy interesante por que en caso de no servir tendremos algunos problemas con nuestra unidad el motor trabajara erráticamente, puede ser que el blower nunca se detenga que siempre este trabajando esto porque la corriente va directa."

Como nos damos cuenta si el transformador esta quemado, primero observalo si este no esta quemado, segundo usa tu chequeador de corriente , hay que revisar las terminales del PC BOARD O tarjeta PR 1 y PR2 para saber si estamos recibiendo 124voltios y después hay que chequear SEC1 Y SEC2, para saber si estos tienen 24voltios, de ser haci tu transformador esta bueno, pero si no recives los 24 voltios, ya no sirve cambialo por uno nuevo porque posiblemente ya se quemo, pero si en SEC1 Y SEC2, recibes 124 voltios ya no cirve cambealo porque esta quemado, manda la corriente directa de 124voltios y podrias quemar algunas partes de tu PCBoard, o tarjeta.

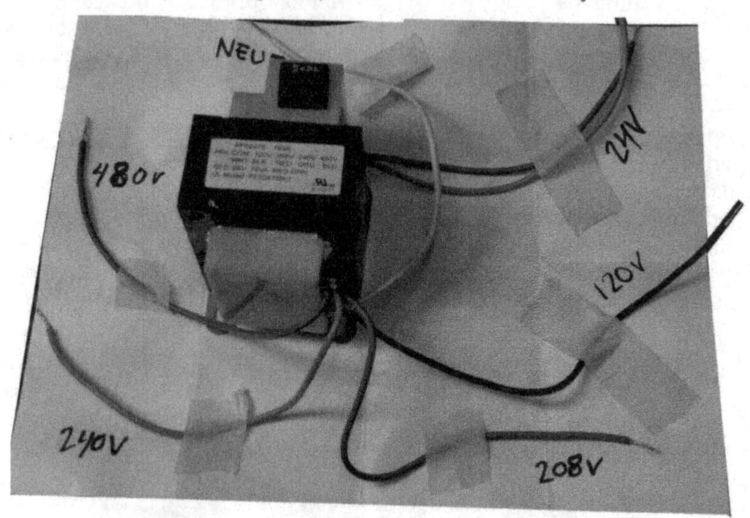

Explicaremos un poco como remplazarlo o una vez que ya te diste cuenta que esta quemado, primero debes observarlo para saber que cantidad de voltajes necesitas.
Primarios COM BLANCO 120VNEGRO, en este caso son los primarios, y si quieres convertirlo a 208 v o 240v, lo que se debe hacer es sustituir por rojo y blanco, los SEC24v son los cables rojo y verde. Con esto puedes conectar un nuevo transformador pero al realizar esto primero debes desconectar la corriente eléctrica. El termostato se identifica con los siguientes colores, R, GH, W, Y, G Y C R-rojo, es Por donde van 24 voltios.

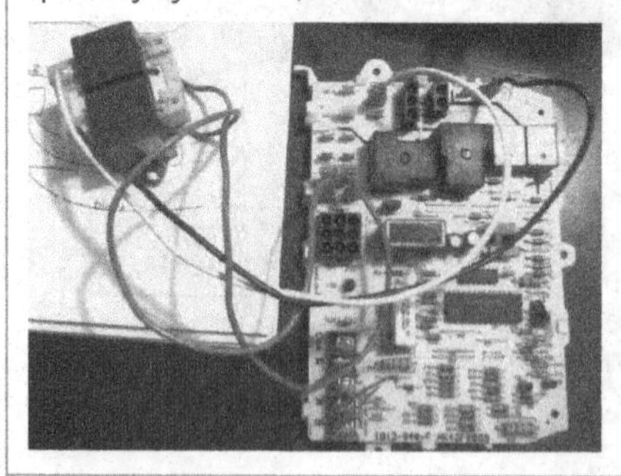

W.-*es la conexión que va al termostato*
G.-*es el que hace trabajar al blower o al fan.*

Estos son los únicos que nosotros necesitamos para hacer que nuestra calefacción trabaje correctamente

Y.-*este es para aire acondicionado por el momento no lo vamos a utilizar será en el otro pequeño curso .Observa la foto de l tarjeta o pc board.*

Pc Board o Tarjeta o Integrate Furnance Control

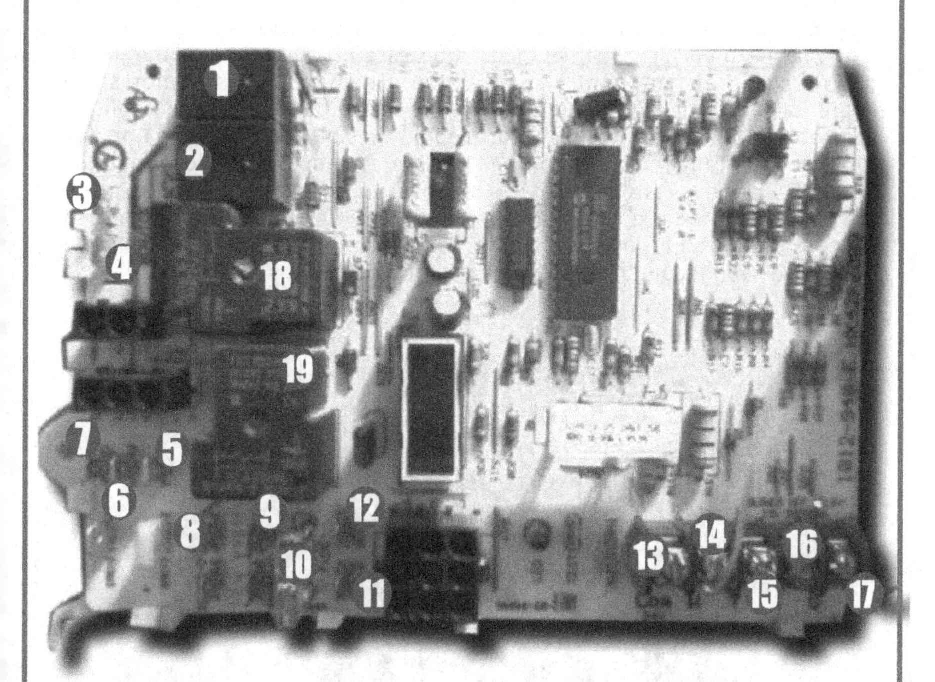

Partes

1. Hot Surface Ignitor Relay
2. Induced Draft Relay
3. L1
4. Primario 1
5. L2
6. Primario 2
7. Blanco
8. Heat-Caliente
9. Cool-Frío
10. Fusible
11. Secundario 2
12. Secundario 1
13. Blanco
14. Negro
15. Amarillo
16. Rojo
17. Verde
18. Blower Motor Realy
19. HI/LO Relay-
Blower Motor Speed

Limit Stwich

Existen de diferentes marcas o formas pero en si realizan el mismo trabajo, trabajan controlando el calentamiento del furnance o del calentón, es decir cuando llegan al grado de calentamiento para lo que fueron designados este inmediatamente apaga el calentón y una ves que comienza a bajar la temperatura estos vuelven a comenzar su siclo están protegiendo al calentón para que este no suba de calentamiento o se queme, como sabemos si no sirven recuerdas que ya lo explique en otra lesión, repásala son normalmente cerrados, debes chequearlos con tu voltímetro y nos debe dar un sonido ininterrumpido en este caso están buenos y si no nos da ningún sonido no sirve.

Observarlo tiene en su parte de abajo L170-50F, aquí nos indica cual es la temperatura máxima en que debe apagar en este caso seria en 120F, cuando bayas a cambiar alguno asegúrate que estas poniendo el correcto porque si existen otros en la unidad podrías poner lo con otro grado de terminación de la máxima temperatura.

Valvula de Gas

Ahora hablaremos de la válvula de gas, ya hablamos del termostato, su función y posible problemas, y como lo dije en la clase pasada su función es la de dar ordenes a la válvula de gas, cada unidad de calefacción tiene una válvula de solenoide instalada en la línea de gas que va al quemador principal, y su función es la de controlar el flujo de gas hacia los quemadores principales.
Recibe el gas de directamente de la línea que viene posiblemente de la ciudad, o también se llama maniful, pero ha esta válvula se le instala una llave de paso cercas del calentón, para una emergencia, después manda el gas hacia los quemadores o buernes del calentón, lo que hace es llamar al piloto para la combustión durante la llamada de calor.

Partes

1. Fan Limit Switch
2. 24 Voltios
3. Valvula de Gas
4. Quemadores o Burnes
5. Maniful

Desde este momento la válvula de gas se mantiene activa durante el llamado de calor, si el circuito de seguridad se abre, el pc board o tarjeta inmediatamente desactiva la válvula de gas para evitar situaciones de peligro del calentón, las válvulas de gas pueden ser de una sola tapa o de dos, esto depende del diseño del calentón.

Como funciona:

1 Cuando hay un llamado de calor el pc board o tarjeta activara el dispositivo encendido por medio de la chispa del piloto y enviara una señal de 24 voltios a la válvula de gas (pv) piloto.

2 En este caso, la pc board o (tarjeta) inicia un ciclo de purga de la cámara antes de encender la chispa del encendedor del piloto.

3 Cuando la válvula de gas recibe 24 voltios en su terminal PV de la IFC(tarjeta) de la válvula el piloto se abre y permite que gas fluya hacia el piloto para el encendido de la chispa.

4 Una vez que la IFC, (tarjeta), llama adecuadamente al piloto a través de la rectificación de llama en el piloto de la pc board le enviara 24 voltios para activar la válvula principal de gas MV.

5 La válvula principal se abre, permitiendo el flujo de gas a los quemadores principales para el encendido de la llama del piloto.

6 El solenoide de la válvula de gas permanecerá activado para el periodo de calor, siempre y cuando el circuito de seguridad asido satisfactorio, la pc board y comenzara un ciclo de postpurga.

Como checar el solenoide de la válvula de gas:

1 Debes asegurarte que el control de la válvula esta en la posición de encendido.

2 Cuando el termostato llama por calor, el inducer motor comienza a trabajar y en ese momento el pressure switch se cierra.

3 Debes verificar la presencia de los 24 voltios en las conexiones del solenoide de la válvula de gas (C y MV),

4 Si la válvula de gas es de un modelo de dos etapas, debes comprobar los voltajes de iniciación del solenoide, si no tienes voltaje debes estar seguro que el inducer draft motor esta cerrado el vent pressure switch contacto.

5 Si los 24 voltios no son presentes en el solenoide de la válvula de gas, debes de chequear los voltajes en los terminales del panel de control o en la tarjeta del calentón que mandan los 24 voltios para el solenoide de la válvula de gas, si hay corriente eléctrica en el tablero o tarjeta , pero no en la válvula de gas, chequea que los cables no estén quemados o rotos, o que algún circuito haya quedado abierto, si acaso los cables que van de la tarjeta o board no mandan corriente eléctrica 24 voltios, debes remplazar la tarjeta porque ya no sirve pon una nueva.

6 Otro problema es el siguiente si tienes los 24voltios en el solenoide válvula de gas, pero esta no se abre o no trabaja, la válvula de gas esta defectuosa y debe ser remplazada.

Fan Limit Switch or Hight Limit Control Safety Switch

El fan limit switch, esta normalmente cerrado y abre cuando la temperatura en el furnance o calentón el heat exchenger área es demasiado caliente, inmediatamente apaga el calentón y se cierra, una vez que baja la temperatura, vuelve hacer el mismo siclo, otra razón por la que se apaga el calentón, puede ser que tenga el filtro sucio, o que haya poca circulación de aire, el motor no trabaja, hay que revisar el fan, limpiar las aspas o puede que estén sucias, hay que sacarlo, limpiarlo y lavarlo, para darle un adecuado mantenimiento, el fan limit switch hay que sacarlo y limpiarlo, con mucho cuidado, no es normal que este se descomponga muy a menudo pero hay que darle mantenimiento.

Fan Limit Switch

Para revisarlo hay que hacer lo siguiente:

1. Desconectar la corriente eléctrica y cerrar el gas.

2. Remover los cables que se conectan al Fan limit switch, en caso de que tenga corriente debe tener 24 voltios.

3. 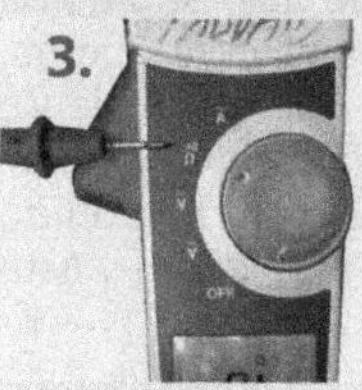

   Hay que usar el voltímetro en ohm meter, y chequear su resistencia debe estar normalmente cerrado.

4. Si escuchas infinita resistencia es decir si hace un sonido esta bueno, si no escuchas el ruido, es que esta abierto ya no sirve cámbialo.

5. Hay que limpiar los filtros del aire.

6. Hay que limpiar el fan blower posiblemente esta sucio.

7. Hay que limpiar el Fan limit Switch, hay que quitarle el polvo.

OBSERVACIÓN:

Este Fan Switch normalmente no se daña, solo apaga el motor cuando no hay una buena salida de aire, y al cambiarlo hay que tener cuidado porque hay de diferentes medidas lo único que tienes que hacer es quitarlo y poner el mismo, este Fan Switch esta conectado al motor, la corriente que sale lleva corriente al motor manda aire frio se apaga, hay que cambiarlo para que prenda el motor.

El Fan Limit Switch es normalmente cerrado, si es abierto no sirve y hay que reemplazarlo.

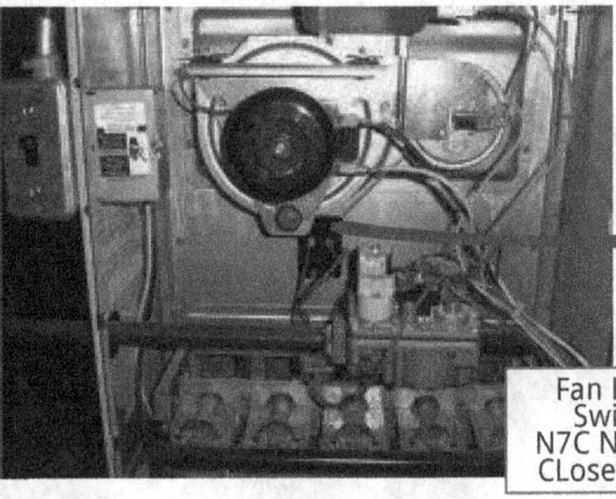

Fan Limit Switch N7C Normal CLoset 24 v.

Componentes de seguridad del Calentón o Furnance

Existen algunos componentes de seguridad(safety), que su función es proteger el calentó de que este no se queme o explote, y estos son los siguientes.

Fusible link

Es un **eslabón conectado al circuito** y entra en función cuando hay una flama extraña o la flama trata de salir del calentón, inmediatamente este se quema, y por lo tanto no funciona, tienen que checar con el teste ador de corriente su resistencia recuerda que se hace escuchando un sonido infinito que es normalmente open, esta bueno no esta quemado y de no hacer el ruido o sonido esta normalmente cerrado no sirve cámbialo, el fusible solamente es uno y esta tocando el hait limit switch.

Roll out

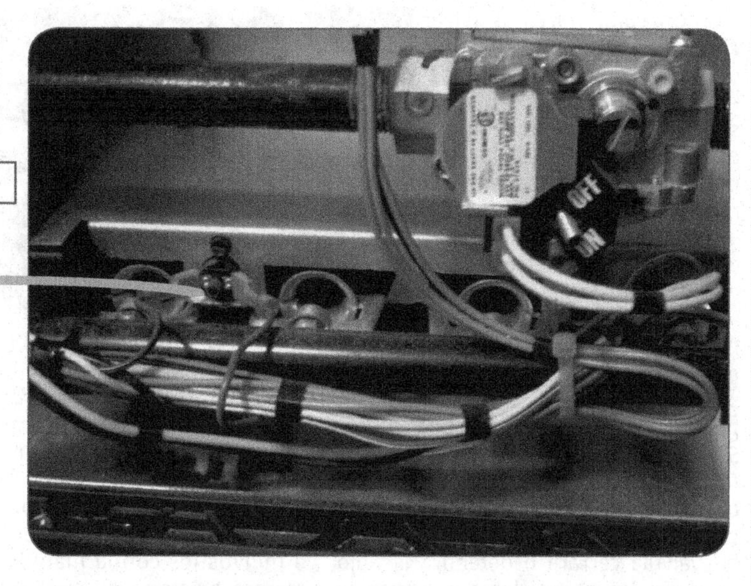

Primero, una vez que entra en función el calentón, recuerda los pasos, *pones tu termostato en on*, y *arranca el blower* y *el inducer motor*, y en ese instante la tarjeta manda la señal a la *válvula de gas* y esta manda la señal al *piloto* e inicia la combustión, es decir encienden los *burnes*, pero como se controla la flama de los *quemadores* es por medio de un *fusible*, de dos o tres *roll out*, en el caso de los *roll out* se ponen uno en ambos lados del *calentón* cerca de los *quemadores* y su función es la de **evitar que la flama no salga del calentón**, en caso de que la flama intentara salir del calentón inmediatamente se queman o se bota su botón de resset, desde ese momento el *furnance* o *calentón* no va a encender normalmente hay que buscar el problema.

La forma de checarlo es observarlo es decir hay que hacerlo arrancar, hay que limpiar los quemadores, revisarlos y volverlos a colocar para atrás en una forma correcta, con esto posiblemente se componga su problema.

Otra forma de revisarlo es apagar el furnace y cerrar la válvula de gas.

Localizar al flame roll out, y desconectar sus cables.

Hay que utilizar el chequeador de corriente y ponerlo en resistencia y si esto nos da continuidad un un sonido ininterrumpido es que esta bueno, es normalmente cerrado, y en caso de no dar sonido esta normalmente abierto ya no sirve hay que poner uno nuevo o hay que intentar hacerle un reset al botón que tiene este roll out observa la foto.

Otro problema por la que entra en acción este switch, puede ser que los burnes tengan poco gas y estos se sobrecalienten.

Otro problema podría ser que están tapados los orificios de gas en los buernes.

Piloto o Flame Sensor, Thermocouple Safety Circuit

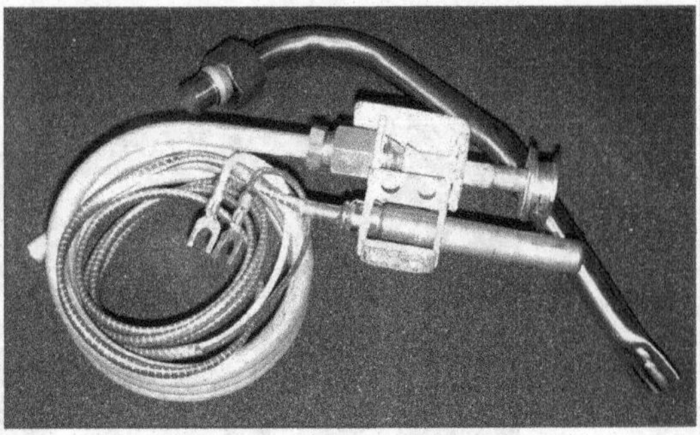

Ahora comenzaremos hablar del piloto (flama sensor o del termo capo), y tu entenderás las diferencias porque en si tienen la misma función que es la de encender la llama para que el furnance pueda hacer realmente su trabajo que es la proveer un ambiente cálido dentro de la casa, este circuito que detecta la llama es la de monitorear al quemador de gas, y determinar si la llama esta presente, durante su encendido y su siclo de apagado, su funcionamiento principal es la de corrección de la flama. Si el circuito que detecta la flama esta falla, durante el periodo de la iniciación de la flama, o durante el llamado de calor, en ese instante el calentón o la válvula cerrara o detendrá el flujo de gas a los quemadores y cortara la corriente eléctrica a la válvula de gas, todos los calentones o furnance, tienen este mismo sistema o circuito de protección para evitar posibles accidente o de que el calentón se queme.

Como podre saber cuándo este se encuentre dañado, la forma de medirlo es atreves de un voltímetro porque este se chequea en milivoiltios, tiene un quemador muy chico, y es de color cobre, provee una pequeña cantidad de descarga eléctrica en mili voltios, si te da debajo de 17milivioltios ya no sirve pero si te da mas de 25milivoltios esta bueno, otra observación importante nunca cheques los Mohs o milivostios con la maquina con corriente eléctrica procura mantenerla apagada porque para chequear homs es con voltímetro y solo chequeas resistencias y no corriente alterna AC. U otra forma de chequearlo existe un teste ador que te venden directamente en alguna compañía que venda productos para aires acondicionados y calefacción.

Hot Surface Ignitor
Silicon Carbon

Ignitor

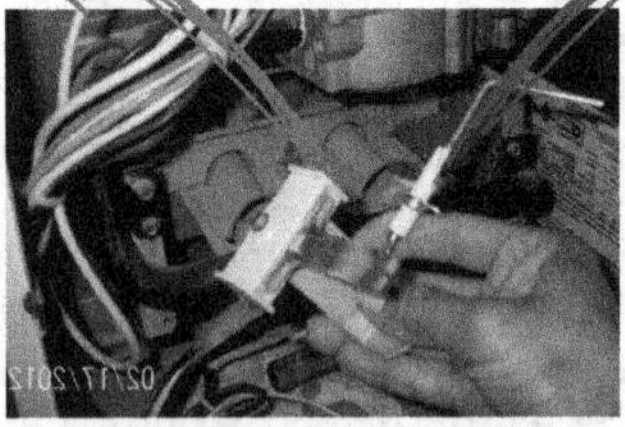

Como observamos estos tipos de encendidos son electrónicos, reciben su señal del módulo o de la tarjeta y envían la señal al ignitor o flama sensor, y estos se ponen rojo y de ahí manda la señal al regulador o válvula de gas, para que esta abrá y provoque el encendido.

Este tipo de ignition no puedes tocarlo con tus dedos cuando vayas a remplazarlo por otro nuevo, por que se dañan muy fácilmente y como nuestro cuerpo produce un pequeñas cantidad de grasa o aceite y queda marcado en el ignition y cuando se pone rojo por el calor no trabajaría correctamente por esas pequeñas partículas de grasa, recuerda que la señal la reciben del módulo o de la tarjeta.

Si estas observando la fotografías muy fácilmente te das cuenta que este ignición no sirve por que ya se esta quemando, como ya te dije su función es la de ratificar la flama, en caso de que se encuentre dañado apaga el gas, también debes checar que tenga de 60 a 100v, y en ocasiones hay que desmontarlo para ver que su estructura este en buenas condiones estas no se pueden limpiar porque se dañan muy fácilmente lo recomendable es sustituirlo por uno nuevo, en el caso del anterior en la otra fotografía, lo primero que puedes hacer es inspeccionarlo, limpiarlo con una pequeña lija y después trabajaría, es común que acumulen yin o reciduos de pelusa o basuritas, con una buena limpieza pueden volver a trabajar, pero lo recomendable es sustituirlo por uno nuevo, es muy común darnos cuenta cuándo esta dañado, mantén puchado el botón de encendido es decir el piloto en la válvula de gas por unos segundos y pones flama y lo sueltas este se apaga, no encienden los burnes, el problema está ahí cámbielo por uno nuevo.

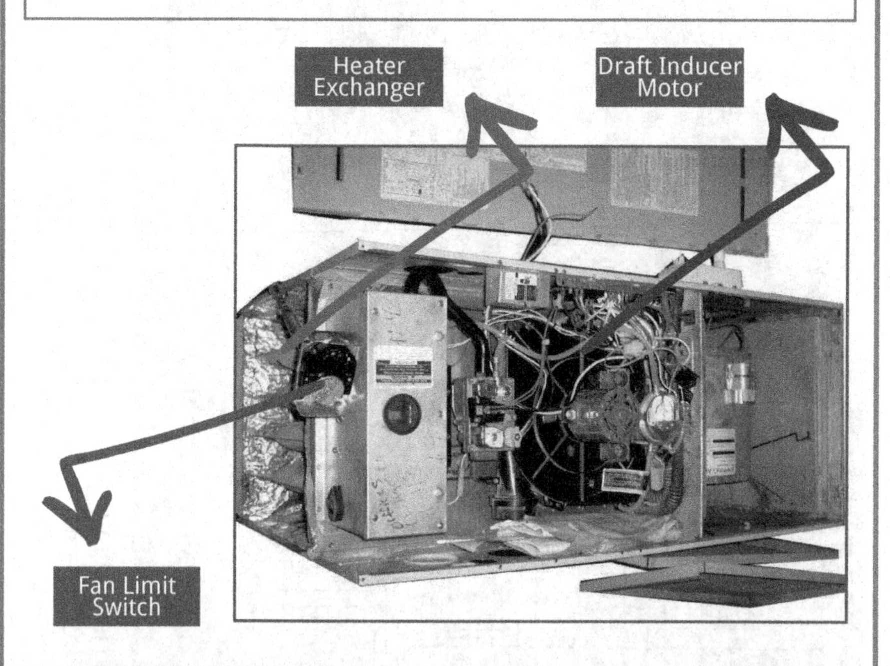

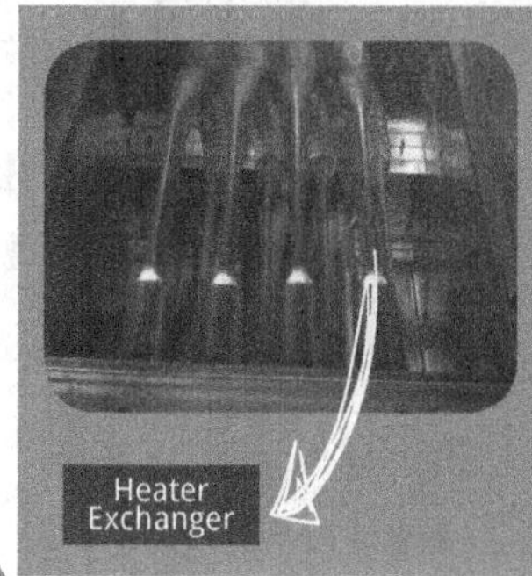

El impulso de la flama es muy baja y regresa la flama hacia afuera del chamber are o buernes área, esto puede pasar porque el chamber esta roto o craqueado, hay que revisarlo introduciendo un pequeño espejo para poder ver por dentro. Hay que observar la flama si esta se mueve es que por algún lugar entra el aire, también hay que revisar el Inducer Draff Motor porque pudiera estar tapado y por ahí esta escapando la flama.

Diagrama del alambrado o wire diagram del calentón

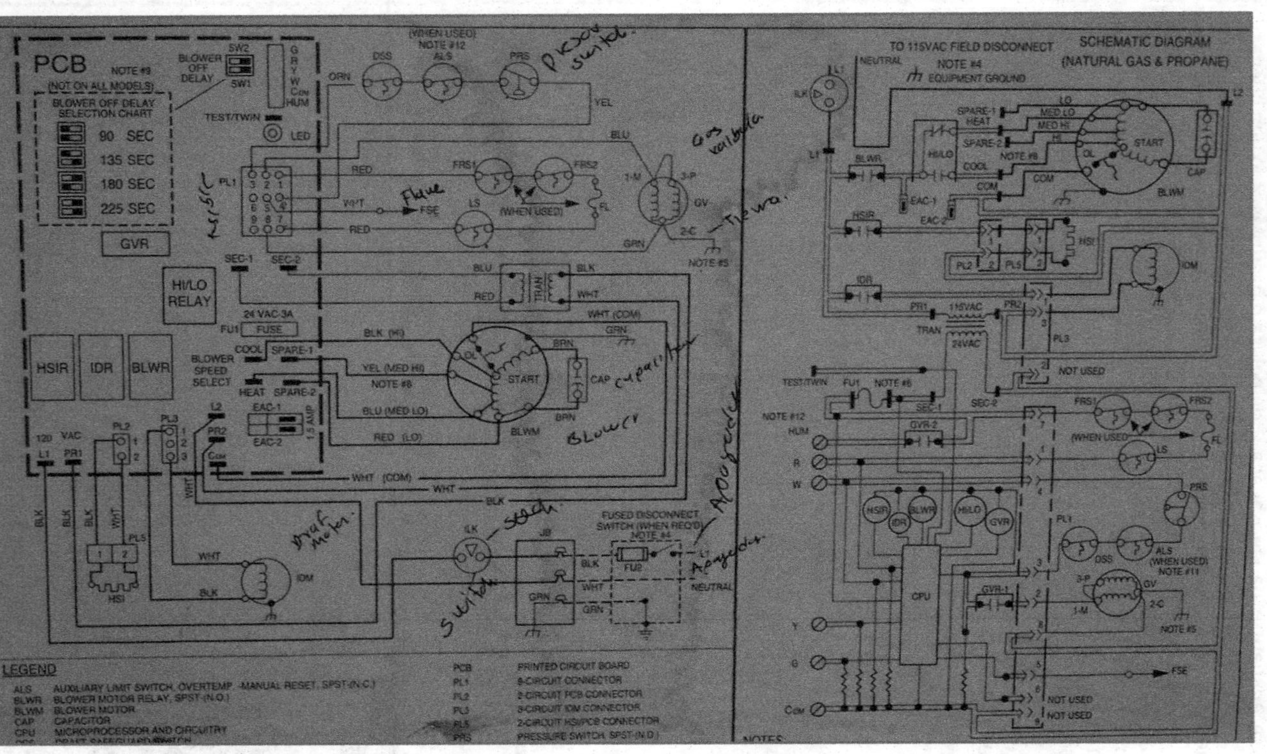

Es demasiado importante que entiendas los diagramas, por que todo será más fácil, todos los furnances o calentones lo tienen en la puerta de la unidad, a continuación ennumero los más comunes.

Cableado

1.- **ALS**-*Auxiliary Switch, Overtemp. Manual Reset, SPST-(N.C.)*
2.- **BLWR**-*Blower Motor Relay, SPST-(N.C.)*
3.- **BLWM**-*Blower Motor*
4.- **CAP**-Capacitor
5.- **CPU**-*Microprocessor and Circuitry*
6.- **DSS**-*Draft Safeguard Switch*
7.- **EAC1**-*Electric Air Cleaner Connection (115 VAC 1.5 AMP MAX.)*
8.- **EAC2**-*Electronic Air Cleaner connection (common)*
9.- **FL**-*Fusible Link*
10.- **FRS**-*Flame Rollout Switch. Manual Reset, SPST-(N.C)*
11.- **FSE**-*Flame Proving Electrode*
12.- **FU1**-*Fuse 3 Amp, Automotive Blade Type, Factory Installed*
13.- **FU2**-*Fuse or Circuit Braker Current Interrupt Device (Field Installed and Supplied)*
14.- **GV**-*Gas Valve-Redundant Operators*
15.- **GVR**-*Gas Valve Relay, DPST-(N.O)*
16.- **HI/LO**-*Blower Motor Speed Change Relay, SPDT*
17.- **HIS**-*Hot Surface Ignitor (115 VAC)*
18.- **HSIR**-*Hot Surface Ignitor Relay,SPST, (N.O)*
19.- **HUM**-*24 Vac Humidifier Connection (.5 AMP.MAX.)*
20.- **IDM**-*Inducer Draft Motor*
21.- **IDR**-*Induced Draft Relay, SPST-(N.O)*
22.- **ILK**-*Blower Access Panel Interlock Switch, SPST-(N.O)*
23.- **JB**-*Juction Box*
24.- **LED**-*Light-Emitting Diode For Status Codes*
25.- **LGPS**-*Low Gas Pressure Switch, SPST-(N.O).*
26.- **LS**-*Limit Switch, Auto Reset, SPST (N.C.)*
27.- **OL**-*Auto-Reset Internal Motor Overload Temp.SW.*

1.- Interruptor de limite auxiliary. Sobretemperatura, restablecimiento manual.
2.- Motor del soplador de rele
3.- Ventilador del motor
4.- Condensador
5.- Microprocesador y circuito
6.- Elaborar salvaguardia del interruptor
7.- Aire Electronico de conexión más limpia.
8.- Conexión de aire electrónico limpio (común)
9.- Fusible
10.- Llama interruptor implantación. Restablecimiento manual
11.- Llama demostrando electrodo
12.- Fusible de 3 amperios, del ipo de la, instalado de fabrica
13.- Fusible o dispositivo de interrupción de corriente circuito braker.(instalado en el campo y sumistrada)
14.- La válvula de gas-redundantes operadores.
15.- Gas válvula relé
16.- La velocidad del ventilador del motor cambio de relé
17.- El encendedor de superficie caliente
18.- Superficie caliente relé del encendido
19.- Conexión humidificador 24 VAC
20.- De tiro inducido del motor
21.- Inducida por relé proyecto
22.- Soplador de acceso al panel de interruptor de bloqueo
23.- Caja de conexiones
24.- Diodo emisor de luz para los códigos de estado.
25.- Interruptor de baja presión de gas
26.- El interruptor de limite, reinicio automático
27.- Auto ajustador sobre carga interna del motor temperatura del interruptor.

Problemas y Soluciones
del Gas Furnance o Calenton

- El piloto esta encendido con su llama intermitente esto es normal.
- El termostato, controla o llama por calor.
- La válvula de gas abre.
- Los quemadores encienden.
- En 3 minutos la temperatura se leva a 140 grados.
- El controlador del fan le dice enciéndete y es Blower y desde este momento empuja aire fresco.
- El Heat exchanger toma el calor y los lleva a los ductos.
- El calor lo siente el termostato y en este momento se comienza a mover el aspiral y el mercurio y esto es para apagar y encender, pero el blower sigue hasta que llege a 100grados.
- El fan switch controla el calor y lo controlan 2 relays que van en velocidad alta y baja, donde están los relays están ubicados en la tarjeta o modulo.
- HFR O CFR
- Color negro-alta velocidad
- Rojo-baja
- Azul-mediano
- Es posible que nosotros podamos cambiar las velocidades del motor, no es recomendable hacerlo normalmente el blower esta trabajando en velocidad baja.
- El aire acondicionado trabaja en velocidad alta.
- Como sabemos que el chamber o heat exchanger, no sirve es decir que hace algo raro, es decir que hay demasiado calor, en este momento tendremos problemas con el Limit switch no trabaja correctamente, cuando hay una cracadura en los quemadores del heat exchanger va ha estar saliendo al flama por la craquea dura, cuando sucede esto ya no hay solución la única solución es comprar un nuevo calentón o furnance, el problema mas grande es que produce mucho monóxido de carbono, cuando hay flama amarilla , se produce monóxido de carbono.

Tunaup o limpieza del calentón o furnance

Antes de arrancar el calentón, estuvo apagado durante el verano que hay que hacer.
1.-Checar los filtros, lo recomendable es cambiarlos cada vez que cambia la estación.
2.-Limpiar los pilotos o burnes.
3.-Abrir el termostato y limpiar las basuritas o polvo acumulado en el termostato.
4.-Revisar el anticipador, que coincida el termostato y la válvula en sus omhs.
5.-Inspecionar el blower, hacerle una limpieza, quitarlo y lavar las aspas con agua.
6.-Hay que revisar la condición de la flama, limpiar el tubo que alimenta la flama lo podemos quitar de la válvula de gas sopletearla para que no este tapada.
7.-La flama debe estar muy cercas del termo capo.
8.-La flama debe ser de color azul, es buena.
9.-Checar que la válvula, habrá y cierre bien, esto es encendiendo el calentón y observarlo.
10.-Checar el cableado para ver que no exista alguno roto o quemado.
11.-Checar el monóxido de carbono y se hace con un teste ador pasándolo por enfrente del calentón o furnance.si esto ocurre si esta escupiendo monóxido, esto se debe a que esta bloqueado el chamber, hay que abrirlo quitando el plenium, ya abierto revisamos el heat exchanger, hay que limpiarlo, con una escoba y con una baquio sacamos toda la basura acumulada, y podemos introducir un pequeño espejo para revisarlo.

Como detectamos si hay monóxido de carbono y no tenemos detector, usamos un detector casero, encendemos un serillo y lo pasamos por enfrente del calentón y si la flama es absorbida esta bien y si lo apaga, hay problemas de monóxido de carbono, también pudiera ser que el inducer blower motor esta tapado hay que revisarlo.

Problemas con calentón (de los más viejitos)

- Checar que haya corriente eléctrica.
- Checar que haya gas
- Checar que el fusible no este quemado
- Esta clase de calentones no tenían motor de inducción,
- Checar que el pilota este encendido,
- Checar la flama sensor o termo capo que deje pasar el gas a los quemadores
- Los quemadores ya están encendidos
- Checar la tarjeta o pc board, esta es la que controla todo,
- Comienza a calentar el chamber
- El limit switch entra en acción y entra en acción el blower motor, pero a este punto los quemadores están encendidos todavía no se apagan
- Comienza a trabajar el blower y el aire caliente viaja por los ductos y esta temperatura llega hasta el termostato.
- El termostato le dice al regulador, apágate gas, pero todavía el blower sigue trabajando.
- Cuando baja la temperatura el termostato vuelve a llamar por calor y vuelve a poner a trabajar al calentón.

Limpieza del Furnes o de la unidad de calentón

1. Revisar que los filtros se encuentren limpios o de lo contrario hay que hacer una limpieza o cambiarlos.
2. Limpiar el blower o el ventilador de ser posible desmontarlo y una vez que lo hayamos quitado procederemos a lavarlo una bes que quitemos el air inlet que es como un ventilador dentado que se encuentra adentro de la unidad del blower lo lavamos con aguan y después ponemos algún lubricante
3. O aceite para que trabaje correctamente.
4. Hay que revisar la banda que va en el motor del blower que esta se encuentre en perfectas condiciones que no este rota o que tenga craquiaduras
5. Hay que hacer una inspección visual del piloto, que este este en bunas condiciones que tenga una flama de color azul, y de ser necesario hay que limpiarlo con una lija de las mas finitas para no dañarlo y quitar partículas que pudieran obstruirlo para un buen funcionamiento.
6. Hay que revisar la válvula de gas que esta este trabajando correctamente, revisar que esta tenga 24 voltios y que esta este abriendo y cerrando correctamente una bes que la pongas en funcionamiento.

Problemas y Soluciones del Gas Furnance o Calenton

>> LOS BURNES O LOS CALENTADORES NO COMIENZAN

Posibles causas

- El termostato puede estar mal ajustado o programado revisar que este correctamente instalado.
- Posiblemente el termostato se encuentra defectuoso.
- Posiblemente no hay corriente eléctrica, hay que revisarlo, revisar fusibles y los breakes.
- Revisar la válvula del gas posiblemente no esta recibiendo 24 voltios.
- Revisar los limit switch, posiblemente esta defectuoso.
- Revisar el transformador posiblemte defectuoso o quemado.
- Si la válvula de gas recibe 24 voltios y esta no trabaja, válvula dañada hay que cambiarla.
- Limpiar el piloto, revisar el termo cuplé que este en buenas condiciones y encenderlo.
- La llama del piloto no esta encendida
- Hay que revisar que haya gas.
- Posiblemente la válvula del gas se encuentra apagada.
- Revisa los orificios de salida del gas en los quemadores posiblemente están tapados.
- Revisa el piloto posiblemente esta muy separado de los quemadores y esto causa que no encienda el gas.
- Revisar el piloto posiblemente esta defectuoso

>> EL CALENTON SE APAGA Y ENCIENDE MUY RAPIDAMENTE

1. Hay que ajustar el termostato
2. Posiblemente hay que revisar el anticipador esta en una posición muy alta y no coincide con la válvula de gas
3. Hay que revisar la banda del ventilador, que el motor este en buenas condiciones, limpiar los filtros, posiblemente el termostato defectuosos cambiarlo por otro.
4. Hace la conexión directa entre W y R para saber que el termostato no este dañado.

>> SE ESCUCHA MUCHO RUIDO

- Cuando se enciende el quemador se escucha mucho ruido
- Quemadores sucios
- La llama no esta cercas del quemador
- Hay limpiar los quemadores, esto se hace sacándolos.
- Hay demasiada presión de gas en lo quemadores, chequear la presión de la válvula de gas debe estar en 3.5b.y esto se hace a trabes del manómetro.
- Los cojinetes del ventilador están dañados
- El blower ya no están centrados

- Posiblemente la banda ya esta dañada
- Revisar el gabinete que todos los tornillos que sostienen el ventilador no estén flojos.
- Hay lavarlo de la forma que ya mencione anteriormente y poner le aceite.

>> OLOR

1. Hay que revisar la tubería del gas y hay que revisar el piloto
2. Hay que revisar el chamber posiblemente ya esta roto.
3. Hay que revisar los filtros posiblemente están sucios.
4. Posiblemente no hay suficiente aire de combustión
5. Posiblemente la salida del aire el tubo esta tapado hay que quitarlo y limpiarlo esto también es con el draf inducer motor.
6. Revisar que haya suficientes ventilas para el aire de regreso.

>> TARDA MUCHO TIEMPO EL CALENTON PARA CALENTAR

- Solo necesita posiblemente una limpieza hay que cambiar o limpiar los filtros.

Otros Problemas y Soluciones

1. No funciona el ventilador, pero los quemadores están encendidos, hay que remplazar el control del ventilador, hay que revisar el capacitor, y revisar la vanda del motor que este en bunas condiciones.

2. Cuando el termostato lo enciendo, el furnance o calentón arranca normalmente encienden los quemadores, pero el ventilador no se detiene, hay que hacerle un Testeo, primero quitamos un cable para saber si apaga, de hacerlo hay que buscar el cable malo o reparar el motor. O en otro caso hay que remplazar el re lay del ventilador.

3. El piloto se se apaga cuando lo mantenemos puchado para encenderlo, enciende pero este se apaga enseguida, hay que cambiar el termpcuple o piloto.

4. La flama va hacia afuera y hacia arriba fuera del calentón cuando el quemador se enciende, hay que limpiar el chamber, hay que revisar que el tubo del draffinducer no este tapado, y limpiar todo el o yin acumulado.

5. La flama se quema normalmente cuando se enciende el quemador, pero se quema afuera del furnance o calentón y esta tiene un movimiento, el problema es que el chamber o intercambiador de calor esta roto, la única solución es poner uno nuevo.

Espero que te haya sido útil este pequeño curso y si tienes l oportunidad de hacer un comentario con respecto a este trabajo te lo agradecería, fue un gran placer poner un poco de mis conocimientos a tus manos adelante y que dios bendiga a tu familia.

AGRADECIMIENTO

Agradecimiento a todos mis alumnos, compañeros y maestros por su ayuda en beneficio de la comunidad, y en especial a Benigno Escobar y A MIS HIJOS ANTHONY, ALEK Y GENESIS.

Antonio Ramírez

Printed in the United States
By Bookmasters